ASSOCIATION FRANÇAISE

POUR

L'AVANCEMENT DES SCIENCES

Fusionnee avec

L'ASSOCIATION SCIENTIFIQUE DE FRANCE

(Fondée par Le Verrier en 1864)

1888

PARIS

AU SECRÉTARIAT DE L'ASSOCIATION

A l'Hôtel des Sociétés savantes

28, RUE SERPENTE, 28

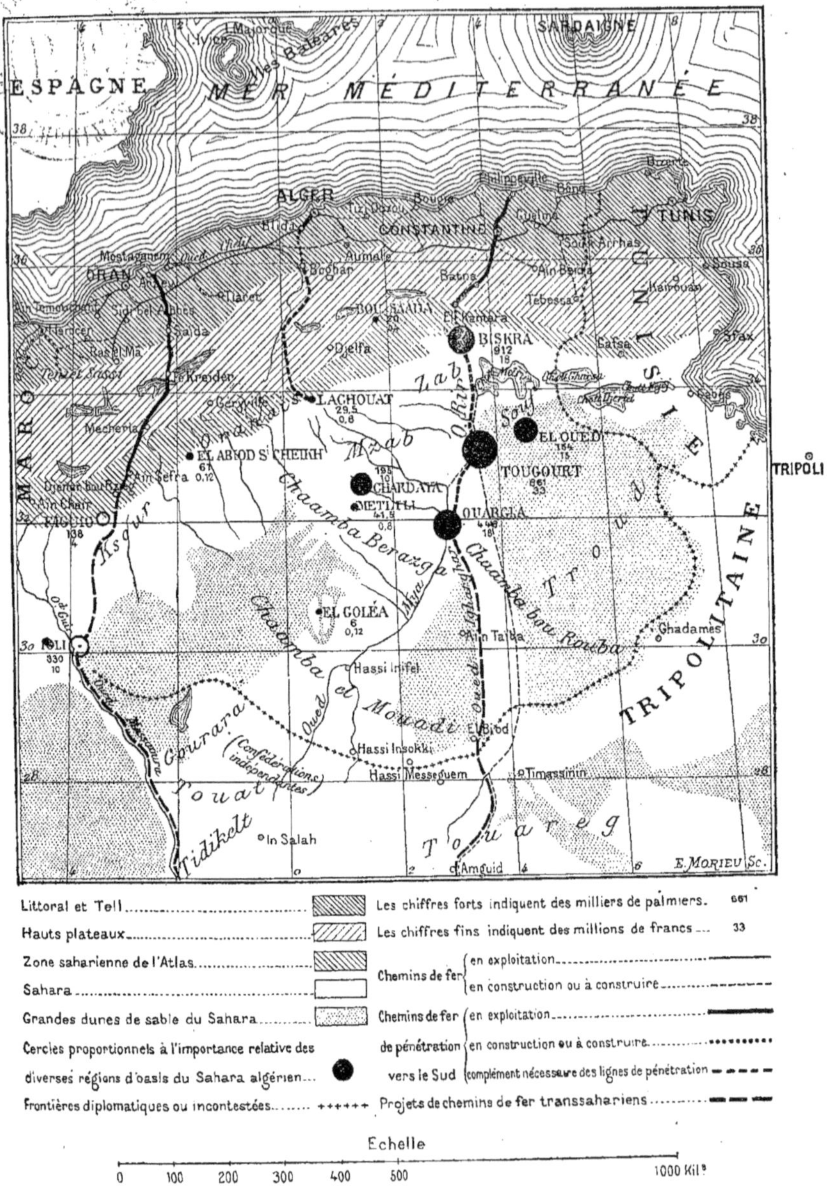
ESPAGNE
MER MÉDITERRANÉE
SARDAIGNE
Iles Baléares
ALGER
CONSTANTINE
Philippeville
Bône
TUNIS
ORAN
Mostaganem
Tlemcen
Tiaret
Blida
Aumale
Boghar
Batna
Tebessa
Gafsa
Sfax
Sousa
Kairouan
BISKRA
912
18
El Kantara
Djelfa
LAGHOUAT
29,5
0,8
Géryville
EL ABIOD S[T] CHEIKH
EL OUED
184
15
TOUGOURT
661
33
GHARDAIA
METLILI
OUARGLA
EL GOLÉA
6
0,12
Ain Sefra
FIGUIG
138
Ksour
Ain Taiba
Ghadamès
Hassi Inifel
Hassi Insokki
Hassi Messeguem
El Biod
Timassinin
In Salah
Gourara
Touat
Tidikelt
Touareg
Oued el Mouadi
(Confédérations indépendantes)
Chaamba Berazga
Chaamba bou Rouba
Mzab
Zab
Souf
Oued Righ
TRIPOLI
MAROC
TUNISIE
TRIPOLITAINE
Amguid
E. MORIEU Sc.
Littoral et Tell
Hauts plateaux
Zone saharienne de l'Atlas
Sahara
Grandes dunes de sable du Sahara
Cercles proportionnels à l'importance relative des diverses régions d'oasis du Sahara algérien
Frontières diplomatiques ou incontestées
Les chiffres forts indiquent des milliers de palmiers. 661
Les chiffres fins indiquent des millions de francs 33
Chemins de fer en exploitation
Chemins de fer en construction ou à construire
Chemins de fer de pénétration vers le Sud en exploitation
en construction ou à construire
complément nécessaire des lignes de pénétration
Projets de chemins de fer transsahariens
Echelle
0 100 200 300 400 500 1000 Kil.

Fig. 1. — Carte de l'Algérie et du Sahara algérien, par M. G. Rolland.

ASSOCIATION FRANÇAISE
POUR L'AVANCEMENT DES SCIENCES

Fusionnée avec

L'ASSOCIATION SCIENTIFIQUE DE FRANCE

(Fondée par Le Verrier en 1864)

M. G. ROLLAND

Ingénieur au Corps des Mines.

LA COLONISATION FRANÇAISE AU SAHARA
L'OUED RIR' — LE CHEMIN DE FER DE BISKRA-TOUGOURT-OUARGLA

— Séance du 3 mars 1888 —

MESDAMES, MESSIEURS,

Venir vous parler de colonisation au Sahara peut sembler audacieux, et cependant je ne viens ni soutenir un paradoxe, ni développer devant vous un projet d'une réalisation douteuse, mais traiter une question pratique, vous signaler des faits accomplis, vous exposer une œuvre de création agricole, entreprise par des Français en plein désert, et appeler votre attention sur un nouveau champ d'activité qui s'offre à nos compatriotes dans le Sud algérien et tunisien.

Jusqu'à ce jour, en dehors des Sociétés de géographie et des publications scientifiques, on ne s'est guère occupé du Sahara, qu'à propos du projet d'une mer intérieure à créer dans le sud de la Tunisie et de la province de Constantine, et à propos d'un chemin de fer transsaharien, devant ouvrir à l'Algérie l'accès commercial du Soudan. Mais ces projets retentissants, qui eurent leurs heures de popularité, rencontrèrent, en fin de compte, l'opposition ou l'incrédulité de beaucoup d'esprits éclairés et soucieux des finances publiques.

Le projet de mer intérieure était grandiose et séduisant, et il bénéficia d'abord d'un mouvement général de sympathie. Mais il faut bien avouer que, malgré la persévérance indomptable de M. Roudaire, malgré le patronage illustre de M. de Lesseps, il réunit contre lui, après de longues et impartiales discussions, la presque unanimité du monde savant et des personnes qui connaissent le mieux l'Algérie. C'était un rêve, en effet, d'espérer qu'on transformerait ainsi le climat du Sahara, et ce qu'il y avait de plus certain, c'est que l'entreprise eût entraîné des dépenses énormes, tout à fait hors de proportion avec les avantages à en retirer.

Quant au projet de chemin de fer transsaharien, il traverse une période de défaveur marquée, exagérée, depuis le lamentable désastre qui mit fin à la mission du lieutenant-colonel Flatters. Pour ma part, je ne suis pas de ceux, loin de là, qui décrètent, dans leur sagesse, que c'est là une conception à jamais irréalisable et antiéconomique : je crois, au contraire, que l'idée est grande et féconde, qu'elle sera reprise un jour et que le vingtième siècle verra le Transsaharien. Toutefois, il faut reconnaître qu'il serait prématuré de s'en occuper sérieusement tant que nous n'aurons pas achevé nos propres chemins de fer de pénétration dans le sud de l'Algérie; car ceux-ci sont indispensables et d'ordre intérieur, indépendamment de toute éventualité future de chemin de fer transsaharien au delà des frontières méridionales de l'Algérie actuelle. Faisons d'abord dans l'Est algérien, le chemin de fer de Biskra-Tougourt-Ouargla, comme nous avons su faire, dans l'Ouest, le chemin de fer de Saïda-Mecheria-Aïn-Sefra, et nous songerons ensuite au Transsaharien.

Mais, quoi qu'il en soit des projets de chemin de fer transsaharien et de mer intérieure, ils auront eu, du moins, l'avantage de donner lieu, dans ces dernières années, à des reconnaissances techniques et à des discussions scientifiques, qui appelèrent l'attention sur les régions sahariennes, — ces annexes presque ignorées de nos possessions d'Algérie et de Tunisie, ces plaines immenses dont certaines parties sont loin d'être aussi déshéritées par la nature qu'on le croyait généralement. On se fit à la pensée que Sahara n'était pas toujours synonyme de désert. On apprit qu'au contraire, le Sahara, malgré la sécheresse de son climat et l'aridité de sa surface, possédait des lignes d'eaux superficielles et des nappes d'eaux souterraines et artésiennes, et qu'il présentait d'importantes régions d'oasis, cultivées et habitées, où la combinaison de ces deux éléments, le soleil et l'eau, produisait des merveilles de végétation, même sur un sol ingrat. On se rendit compte que l'homme devait se proposer, non pas tant de changer le climat du Sahara, que de tirer parti du Sahara tel que la nature l'a fait. On comprit qu'il y avait, en effet, à dresser et à poursuivre au Sahara, un programme intéressant de transformation, consistant, non pas à faire venir de loin les eaux salées de la mer dans quelques chotts, mais, — programme bien autrement certain dans ses résultats et d'une portée bien autrement générale, — à s'adresser simplement aux eaux douces qui existent sur place, à la surface ou dans le sous-sol, et dont la majeure partie est aujourd'hui perdue ou inutilisée, à les faire servir aux irrigations partout où cela est possible et, grâce aux irrigations, à développer les cultures actuelles, à créer de nouvelles oasis et à mettre en valeur de vastes espaces jusqu'alors stériles et déserts.

L'irrigation, voilà le secret de tout ce qui a été fait et de tout ce qui sera fait de pratique au Sahara.

Il est, d'ailleurs, une région du Sahara algérien où ce programme n'en est plus à l'état de projet, mais où la sonde artésienne a montré, depuis longtemps, le rôle bienfaisant qu'elle peut remplir au désert, et où l'on a vu s'accomplir, dans ces dernières années, une œuvre importante de création agricole et de colonisation : c'est l'Oued Rir', grande région d'oasis qui se trouve au sud de Biskra et dont la capitale est Tougourt (fig. 1 et 2).

L'Oued Rir' a souvent été citée comme une des contrées les plus riches de l'Afrique du Nord en eaux artésiennes. De remarquables travaux de forages artésiens y ont été exécutés depuis la conquête française, et, grâce aux bienfaits d'une irrigation abondante, il s'est opéré dans ce pays une véritable transformation : en trente ans, les oasis ont quintuplé de valeur et, par suite du développement de leurs ressources agricoles, de l'amélioration du sort des indigènes et de la pacification complète de cette partie du Sud algérien, la population de l'Oued Rir' a plus que doublé.

Aujourd'hui, c'est en dehors des oasis indigènes et loin d'elles, c'est au milieu des vastes steppes de la région, que de nouveaux sondages font jaillir l'eau où elle manquait, et permettent de vivifier par l'irrigation des terrains auparavant improductifs; ce sont des Français qui ne craignent pas, si invraisemblable que cela puisse paraître au premier abord, d'aller faire de l'agriculture au Sahara, qui s'y adonnent à l'exploitation du palmier-dattier et, enfin, qui entreprennent eux-mêmes de grandes plantations de palmiers et créent de toutes pièces des oasis nouvelles en plein désert. Et ce n'est pas là un essai de colonisation ayant demandé à l'État aucun sacrifice, même passager : c'est une œuvre conçue et menée à bien par des particuliers, à leurs risques et périls, une œuvre due entièrement à l'initiative privée.

L'exemple de ce qui avait été fait avec succès dans l'Oued Rir' n'est déjà plus isolé : voici maintenant qu'il est suivi dans le Sahara tunisien, où a été entreprise une œuvre tout à fait semblable de forages artésiens, d'irrigation et de mise en valeur de terrains incultes.

On peut donc dire qu'un nouveau mode de colonisation s'est implanté en Algérie et en Tunisie. Nous avions déjà, sur le littoral et dans le Tell (fig. 1), une première zone de colonisation, la principale, celle qu'on peut appeler la zone de *colonisation proprement dite* ou de *colonisation intensive;* nous avions ensuite, sur les hauts plateaux, une seconde zone de colonisation, celle-ci moins importante, qui peut être définie la zone de *colonisation industrielle* et *pastorale;* au delà, vers le sud, nous avons maintenant, dans le Sahara, un troisième genre de colonisation : c'est la *colonisation saharienne.*

Bien entendu, il ne s'agit plus là de colonies de *peuplement,* comme sur le littoral et dans le Tell, comme aussi sur les hauts plateaux; car il serait impossible à l'Européen de s'adonner au travail de la terre sous le climat brûlant du Sahara. Au Sahara, on ne peut songer qu'à des colonies *d'exploitation,* où le rôle des Européens devra se borner à diriger et à surveiller la main-d'œuvre indigène.

Les entreprises françaises de colonisation saharienne n'en sont pas moins fort intéressantes, et l'œuvre qu'elles poursuivent est bonne à tous égards, bonne comme exemple donné aux capitaux français, bonne pour le développement des ressources du sol algérien et pour l'extension de l'influence française en Afrique, bonne aussi pour l'amélioration du sort des indigènes et pour leur accès graduel aux idées de civilisation et de progrès.

Ayant été conduit à m'occuper moi-même de colonisation dans l'Oued Rir', je me propose de vous dire, aussi brièvement que possible, en quoi consistent ces entreprises nouvelles, et j'espère que vous ne trouverez pas le sujet hors de propos, à la veille du départ de l'Association Française pour le Congrès d'Oran.

Vous aurez remarqué, d'ailleurs, que, parmi les excursions décidées par le Conseil de l'Association à la suite du Congrès d'Oran, il s'en trouve une qui aura pour objet la visite des nouvelles oasis de création française de l'Oued Rir' et qui conduira jusqu'à Tougourt.

C'est là un témoignage précieux d'intérêt et d'encouragement que l'Association Française pour l'Avancement des Sciences va donner à la colonisation saharienne, et il doit nous être d'autant plus sensible, à nous, colons de l'Oued Rir', que, pour venir nous visiter, les membres du Congrès devront d'abord franchir la grande distance qui sépare Oran de Biskra, point de départ de l'excursion de Tougourt. Mais il n'y avait pas le choix : du moment qu'on voulait étudier la colonisation saharienne, il fallait venir dans le sud de la province de Constantine, et la province d'Oran, si remarquable à tant d'autres égards et même en avance sur ses deux sœurs à plusieurs points de vue, ne saurait encore offrir, dans son sud, rien qui soit comparable à ce que nous avons accompli dans l'Oued Rir'.

L'excursion de Tougourt ne pourra, sans doute, comprendre autant de personnes que nous l'eussions désiré ; car il faut tenir compte des difficultés d'organisation et surtout de transport dans une région aussi éloignée.

Dans quelques années, du moins, l'Oued Rir' sera plus facilement abordable et aura son chemin de fer : du moins, j'en ai la confiance.

Avant trois mois, le réseau des chemins de fer de la province de Constantine arrivera, au sud, jusqu'à Biskra. La voie ferrée va, dès lors, relier directement le littoral au Sahara, depuis Philippeville, par Constantine et par Batna, jusqu'à Biskra : mais elle ne saurait s'arrêter là, ainsi que j'espère vous en convaincre, et il importe, tant au point de vue colonial et commercial qu'au point de vue politique et stratégique, que cette ligne maîtresse de pénétration soit prolongée le plus tôt et le plus rapidement possible vers le sud, jusqu'à Tougourt d'abord, puis jusqu'à Ouargla, son terme nécessaire.

I

L'Oued Rir' peut être comparée à une petite Égypte avec un Nil souterrain.

Cette région se trouve située dans les plaines sahariennes qui s'étendent au sud des massifs montagneux de la province de Constantine, au delà de Biskra (fig. 2).

A proprement parler, c'est une vallée qui descend du sud au nord et aboutit au sud-ouest du chott Melrir (1) ; le lit mineur de cette vallée est représenté par une zone de bas-fonds, chotts et sebkha, le long de laquelle s'échelonnent une série d'oasis prospères. Les oasis de l'Oued Rir' commencent, au nord, à Ourir, située à 100 kilomètres au sud de Biskra, et se succèdent sur 130 kilomètres vers le sud : Mraïer, Ourlana, Tougourt, etc.

L'existence de cette série d'oasis est liée à la présence d'un grand réservoir d'eaux artésiennes à haute pression, qui règne souterrainement, à l'aplomb de la zone des bas-fonds de la surface, et dont on peut faire jaillir l'eau en abondance, au moyen de puits suffisamment profonds.

J'ai décrit (2) le régime des eaux artésiennes de l'Oued Rir' et indiqué l'allure de la zone aquifère qui serpente, à une profondeur moyenne de 70 à 75 mètres, sous la vallée. C'est une sorte de *rivière* ou plutôt d'*artère souterraine*. .

Depuis 1856, année de la conquête de la région de l'Oued Rir' et de la prise de Tougourt par les troupes françaises, des travaux de sondages y ont été entrepris et poursuivis avec persévérance sous la direction, aussi habile que dévouée, de M. l'ingénieur Jus. Au 1er octobre 1885, l'Oued Rir' comptait 114 puits jaillissants français, tubés en fer, et 492 puits jaillissants indigènes, simplement boisés, et tous ces puits réunis débitaient, en y ajoutant quelques sources naturelles, 253,698 litres d'eau par minute, soit 4 mètres cubes d'eau par seconde : cela équivaut au dixième environ du débit de la Seine dans ses basses eaux, ou encore au débit de cours d'eau assez importants pour donner leurs noms à des départements.

Tel puits jaillissant de l'Oued Rir' débite 6,000 litres par minute, tel autre 5,000 litres ; les puits de 3,000 litres à 4,000 litres sont nombreux.

Règle générale, les puits français tubés, dont certains datent aujourd'hui de

<hr>

(1) G. Rolland. — *Hydrographie et orographie du Sahara algérien* (Bulletin de la Société de Géographie, 2° trimestre 1886).

(2) *Comptes rendus de l'Académie des Sciences*, 14 septembre 1885, 24 janvier 1887 et 31 mai 1887.

trente ans, n'ont pas varié de débit depuis leur exécution, et chaque nouvelle campagne de sondages a marqué annuellement une augmentation rapide dans le total des eaux disponibles.

Grâce à l'accroissement graduel des irrigations, les oasis indigènes, qui dépérissaient, faute d'eau, lors de notre arrivée dans ce pays, sont peu à peu redevenues fertiles. Presque tous les palmiers, auparavant vieux et de mauvais rapport, ont été abattus et remplacés par de jeunes arbres ; de nouveaux jardins ont été plantés autour des anciens, et l'étendue des terres cultivées a été doublée.

Aujourd'hui, l'Oued Rir' compte 43 oasis, à peu près 520,000 palmiers en plein rapport, plus de 140,000 palmiers de un à sept ans et environ 100,000 arbres fruitiers. La production annuelle en dattes représente une valeur de plus de deux millions et demi de francs, en l'état actuel, et en prenant 0 fr. 35 c. comme prix moyen du kilogramme de dattes du pays sur place.

Que si l'on cherche à se rendre compte de la valeur représentée actuellement par l'ensemble des oasis de l'Oued Rir', jardins, puits artésiens, maisons, et qu'on la compare à ce qu'elle était en 1856, avant les sondages, on trouve qu'en trente ans, elle a quintuplé, et même davantage. Comme conséquence naturelle de l'accroissement de la production agricole et des ressources de toutes sortes, la population indigène a notablement augmenté pendant la même période : elle a plus que doublé.

Les habitants de l'Oued Rir' ou Rouara sont actuellement au nombre d'environ 13,000, répartis dans trente et un centres de population.

Sédentaires et laborieux, leurs intérêts les rapprochent de nous et les éloignent des Arabes nomades. Avant tout, ce sont des cultivateurs, très attachés à leur sol et ne demandant qu'à vivre en paix.

La paix la plus absolue règne parmi ces populations intéressantes, qui savent de quels bienfaits elles sont redevables à la France, et dont la fidélité reconnaissante ne s'est pas démentie un seul jour depuis la conquête, même au milieu des plus graves insurrections de l'Algérie.

Le pays est gouverné par un agha indigène, placé sous les ordres de l'autorité militaire et résidant à Tougourt.

Tougourt est une ville de 4,500 habitants, avec une mosquée, une kasba, une école franco-arabe et avec un marché hebdomadaire, dont l'activité tend à se développer : cette ville occupe une position remarquable dans le mouvement des échanges du Sud, et son importance commerciale grandirait rapidement, du jour où elle serait reliée à Biskra par un chemin de fer.

II

Exploiter des oasis de palmiers-dattiers, pour la récolte et la vente des dattes, constitue une opération pratique de création agricole, que des Européens peuvent entreprendre avec profit; car la datte est d'une vente assurée et rémunératrice en Afrique même, et sa consommation tend aussi à se répandre en Europe. Mieux vaut encore planter soi-même des palmiers et créer de nouvelles oasis pour les exploiter ensuite, bien qu'il faille compter huit années depuis la plantation jusqu'à l'époque d'un rapport satisfaisant de l'arbre.

Le rapport du palmier varie énormément suivant la variété dont il s'agit, et les variétés de palmiers sont nombreuses. Avec des soins convenables, on peut

·évaluer qu'un palmier de la variété fine *(deglet nour)* doit rapporter annuellement au moins dix francs, tandis qu'un palmier d'une des variétés communes ne rapportera guère que de deux à trois francs, et généralement moins. En moyenne, et avec un assortiment convenable, j'estime que, dans l'Oued-Rir', on peut retirer de plantations bien faites et bien soignées un revenu de quatre à cinq francs par arbre, net des frais de culture proprement dite (mais non des frais généraux) (1).

En 1879, une occasion se présenta d'acheter de grands jardins de palmiers tout plantés. L'administration des domaines mettait en vente les oasis indigènes qui avaient été séquestrées, en 1875, dans le Zab, à l'ouest de Biskra, à la suite de la petite insurrection d'El Amri.

Trois explorateurs français, MM. Fau, F. Foureau et A. Foureau, qui avaient fondé entre eux, en 1878, une Compagnie dite *Compagnie de l'Oued Rir'*, se firent adjuger l'oasis de Foughala et ses 23,000 palmiers, dans le Zab, ainsi que deux jardins dans l'Oued Rir'.

De même, M. Treille, l'honorable député de Constantine, fit, avec quelques associés, l'acquisition de 19,000 palmiers à El Amri, au Zab, et d'un jardin à Tougourt.

La colonisation algérienne faisait, du coup, un grand pas vers le sud : elle abordait enfin ce Sahara mystérieux, dont l'entrée ne sembla plus désormais interdite aux entreprises européennes.

Bientôt un pas encore plus hardi et plus décisif devait être fait en avant, bientôt c'étaient des oasis entièrement nouvelles que l'on entreprenait de créer de toutes pièces. C'était alors vraiment la conquête du désert, et c'est bien là le vrai programme que doit se proposer la colonisation dans le sud, le plus beau qu'elle ait à y remplir, le plus digne d'encouragement : car ce qui importe surtout, au point de vue du développement des ressources de la colonie et pour l'avenir des annexes sahariennes de l'Algérie, ce n'est pas tant de voir des oasis déjà existantes changer de mains, -- fût-ce pour passer dans des mains françaises, — que d'en voir surgir de nouvelles, là où auparavant il n'y avait rien.

La région de Biskra, point de départ de la colonisation au Sahara, fut témoin des premiers efforts tentés dans cette voie, et le regretté M. Duffourg, un colon de la première heure, avait entrepris, il y a déjà un certain nombre d'années, des plantations de palmiers à sa ferme d'El Outaya, ainsi que près des sources d'Oumach, dans le Zab. Mais c'est dans l'Oued Rir' qu'il faut aller pour voir les créations les plus importantes, toutes, d'ailleurs, de date fort récente (fig. 2).

En 1879, le capitaine Ben Dris faisait exécuter avec succès un sondage au milieu des steppes qui s'étendent vis-à-vis d'Ourlana, dans la région centrale de l'Oued Rir' et plantait 5,000 palmiers sur les pentes du mamelon de Tala-em-Mouidi, que domine un bordj d'apparence monumentale ; au sommet du mamelon jaillit en bouillonnant un puits magnifique, qui donne cinq mètres cubes par minute, avec une chute d'eau suffisante pour actionner un moulin.

Non loin de là, MM. Fau et Foureau faisaient naître, à leur tour, en 1881, la nouvelle oasis du Chria Saïah, où ils ont foré un puits de trois mètres cubes et planté 7,500 palmiers.

L'année précédente, en 1880, j'avais moi-même visité l'Oued Rir' au cours

____

(1) Pour plus amples renseignements sur *les Oasis sahariennes et le Palmier-dattier*, voir ma communication à l'Association Française au Congrès de Toulouse (Section d'Agronomie).

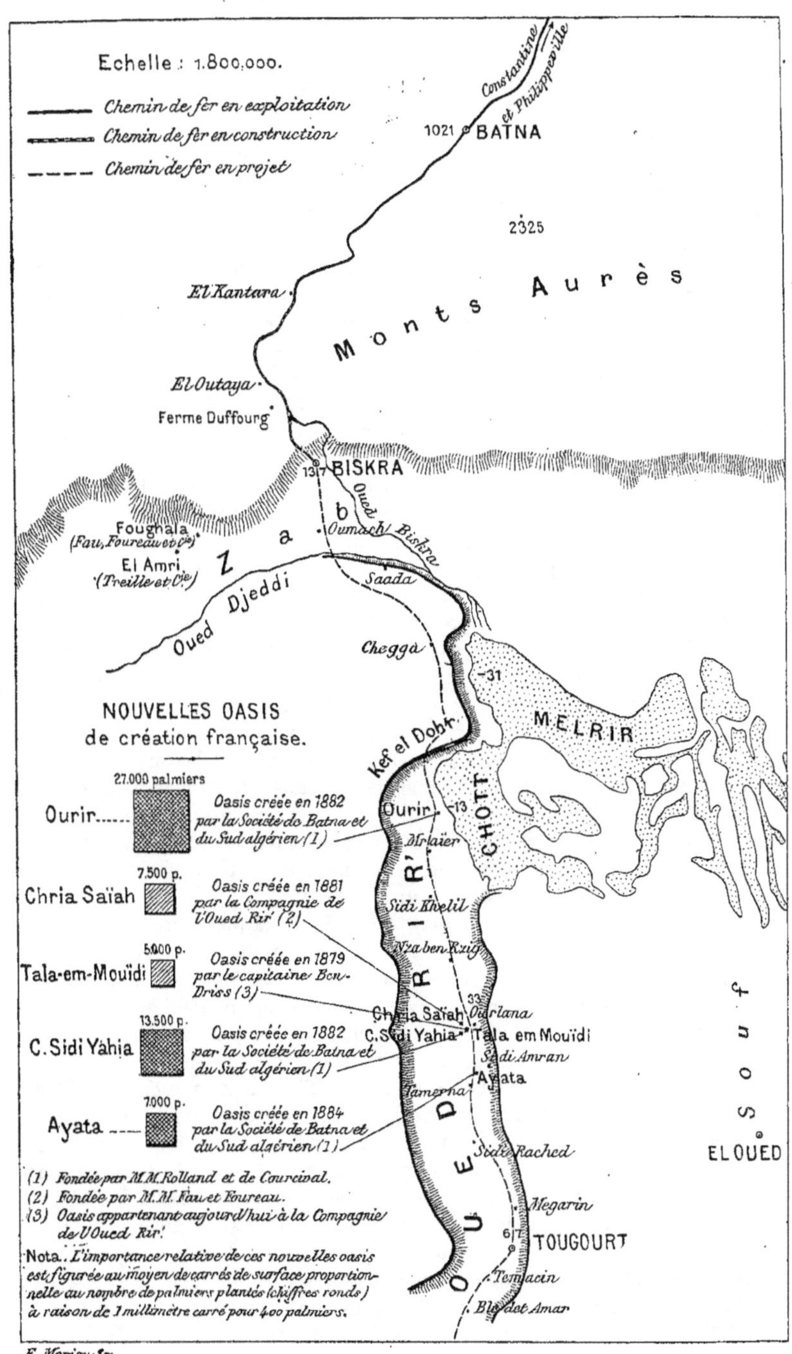

Fig. 2. — L'Oued Rir' et ses nouvelles oasis de création française.

de la mission de Laghouat-El Goléa-Ouargla-Biskra, que dirigeait M. l'ingénieur en chef Choisy et dont je faisais partie comme ingénieur des mines.

Parmi les diverses régions d'oasis du Sahara algérien, l'Oued Rir' m'apparut comme la plus intéressante, en raison de son magnifique bassin d'eaux artésiennes, et comme offrant, au point de vue agricole, des ressources comparables à celles des plus belles parties de l'Algérie, même du littoral. Dès mon retour, je signalai l'avenir qui me semblait réservé à cette région et le grand développement dont elle me paraissait susceptible par la colonisation.

Désireux de prouver que j'avais la foi la plus entière dans ces affirmations, je n'hésitai pas à payer d'exemple, et je faisais, en 1880, l'acquisition d'une partie des steppes de Sidi Yahia pour y entreprendre des plantations; en même temps, M. le marquis de Courcival, ancien officier de l'armée d'Afrique, qui connaissait depuis longtemps l'Oued Rir', achetait avec des intentions semblables la petite oasis d'Ourir et les terrains environnants. Nous résolûmes de réunir nos efforts, et nous fondions, en 1881, une Société agricole dite : *Société de Batna et du Sud algérien*, dans laquelle entrèrent quelques-uns de nos amis, et dont j'ai dirigé les opérations depuis l'origine.

M. Jus, le vieux sondeur du Sud, devint notre directeur en Algérie.

Nous commencions aussitôt de grands travaux de sondages, de plantations et d'installations dans l'Oued Rir', travaux qui ont été poursuivis avec vigueur et sans interruption jusqu'à ce jour, et qui représentent l'œuvre de création agricole de beaucoup la plus importante qui ait été entreprise et menée à bien par l'initiative privée dans le Sud algérien.

En cinq ans, et à nous seuls, nous avons créé de toutes pièces trois oasis et trois villages : d'une part, à Ourir, en tête de l'Oued Rir', au nord ; d'autre part, à Sidi Yahia et à Ayata, dans la région centrale. Nous avons foré sept puits jaillissants, dont les débits réunis atteignent le volume de vingt et un mètres cubes d'eau par minute ; défriché et mis en valeur 400 hectares de terrains auparavant stériles ; planté près de 50,000 palmiers, dont plus d'un quart de l'espèce fine appelée *deglet nour*, proportion inusitée dans les oasis de l'Oued Rir' ; creusé plus de quarante kilomètres de fossés d'écoulement ; construit enfin des bordjs pour nos agents français, des maisons ouvrières pour nos cultivateurs indigènes et de grands magasins pour nos produits.

Les entreprises dont il s'agit là sont, il faut le remarquer, libres de toute attache officielle et ne comportent aucune concession de terrain par l'État. Les terrains ont été achetés par nous de gré à gré et publiquement aux indigènes des oasis voisines, qui en étaient les propriétaires incontestables. Avant nous, c'étaient des terrains nus et abandonnés et, sans nous, ils fussent restés tels ; car tous sont éloignés des oasis existantes et les indigènes, de leur propre aveu, eussent toujours été hors d'état d'en tirer parti. Il n'est question, d'ailleurs, que de superficies fort limitées ; ainsi la contenance totale des domaines acquis par notre Société ne dépasse pas 1,500 hectares, ce qui ne représente qu'une fraction insignifiante des vastes plaines qui s'étendent autour des oasis indigènes ; on ne saurait donc craindre que nous entravions, en aucune façon, le développement dont les oasis indigènes elles-mêmes sont encore susceptibles. Des acquisitions semblables sont, on le voit, irréprochables à tous égards, et elles ne pouvaient manquer, — malgré certaines oppositions incompréhensibles, — de recevoir la ratification solennelle d'un gouverneur général, aussi soucieux que l'est M. Tirman, de l'avenir de la colonisation algérienne.

Il faut avoir visité les lieux, les avoir connus déserts et stériles, et les retrouver aujourd'hui habités et verdoyants, avec de petits villages pleins d'animation, avec des plantations s'étendant à perte de vue, pour se rendre compte de la somme d'efforts et d'activité qu'a exigée une pareille transformation accomplie en aussi peu de temps !

Les travaux que comporte la plantation en terrain neuf ne laissent pas que d'être multiples et complexes. Il y a, d'abord, les travaux préparatoires, pour la mise en état des terrains irrigables par les puits : défrichement, nivellement, défoncement, aménagement d'un sol vierge et parfois rocheux, tracé des carrés de plantation et des lots d'irrigation, construction des innombrables canaux d'arrosage et de leurs embranchements, etc. Il y a, ensuite, les travaux nécessaires pour assurer le drainage du surplus des eaux d'arrosage et leur évacuation constante hors des propriétés : creusement de tout un réseau de fossés, assez rapprochés et assez profonds, au travers des plantations, creusement de fossés collecteurs jusqu'à des chotts suffisamment écartés. Puis, il y a les travaux de la plantation proprement dite : choix des rejetons à planter, plantation soignée et méthodique, organisation du roulement des arrosages, surveillance incessante des irrigations, surtout dans les débuts, et enfin mille détails, que la pratique enseigne, et dont on ne se doutait pas, en l'absence à peu près complète de précédent.

Sauf les puits artésiens, qui ont été forés à nos frais par les ateliers militaires des sondages de l'Oued Rir' (1), tous nos travaux de plantation et d'installation ont été exécutés par la main-d'œuvre indigène, et c'est elle également que nous emploierons pour l'entretien et, plus tard, pour l'exploitation de nos oasis.

Quoi qu'on en ait dit, nos compatriotes, surtout ceux qui sont déjà acclimatés en Algérie, peuvent parfaitement résider dans le Sud, même dans les régions d'oasis, et y jouir d'une bonne santé, à condition d'observer une hygiène sévère et d'habiter en des points convenablement choisis. Citons l'exemple des deux agents français de la Société de Batna et du Sud algérien, MM. Bonhoure et Chardonnet, qui vivent à poste fixe dans l'Oued Rir'.

Mais combien les conditions sanitaires s'amélioreront le jour où le chemin de fer donnera un moyen de locomotion rapide, permettra de changer d'air, apportera un certain confortable, fera oublier l'isolement et viendra sans cesse renouveler l'atmosphère morale !

Quant à la main-d'œuvre indigène, la population de l'Oued Rir', sans être considérable, en fournira dans une mesure amplement suffisante pour nos exploitations agricoles, et, d'ailleurs, le chiffre de la population ne manquera pas d'augmenter rapidement encore, à mesure que les conditions matérielles de l'existence continueront à s'améliorer par les bienfaits de la colonisation.

C'est avec empressement que les Rouara sont accourus sur nos chantiers, nous ont vendu les rejetons de palmiers pour nos plantations et ont pris part à nos travaux de toutes sortes. Les premiers, ils ont profité de tout ce que nous avons fait, et ce que nous avons dépensé est autant d'argent qui est resté dans le pays. Aussi, pouvons-nous ajouter qu'en toute occasion nous recevons des indigènes les témoignages les moins équivoques de reconnaissance.

De semblables entreprises sont donc bienfaisantes et humanitaires, et il ne

(1) Il nous eût été facile d'avoir un atelier privé de sondages, nous appartenant; mais cela nous a semblé inutile, jusqu'à ce jour du moins, les ateliers militaires étant fort bien dirigés, et faisant à l'occasion des sondages pour le compte des colons. Le directeur actuel des sondages militaires est M. le sous-lieutenant Clottu.

tiendra pas à nous qu'elles n'aient également une influence moralisatrice et civilisatrice.

Telle est notre œuvre ! œuvre que nous pouvons envisager avec une légitime fierté.

Assurément, c'est une œuvre de longue haleine ; nous allons seulement récolter les premiers fruits de nos labeurs, et il nous faudra encore attendre quelques années, avant de pouvoir dire que nos jeunes oasis sont vraiment en rapport. Sous toutes les latitudes, la nature fait trop longtemps désirer la récompense due au travail de l'homme, surtout quand l'homme veut soumettre à ses lois une terre jusqu'alors rebelle. Mais ces entreprises de création agricole au Sahara sont basées sur des données certaines et, tout en me gardant de vouloir entrer ici dans des considérations financières, j'ajouterai simplement que les perspectives sont pleines de promesses pour les capitaux qui n'ont pas craint de s'engager, à notre appel, dans ces parages lointains.

III

C'est au chemin de fer qu'il appartient maintenant de couronner l'œuvre si brillamment commencée dans l'Oued Rir' par la sonde artésienne et par la colonisation française.

Avant trois mois, vous ai-je dit, la locomotive atteindra Biskra et fera entendre son sifflement joyeux à l'entrée du Sahara. Mais elle ne saurait s'arrêter là, je le répète : la force des choses la poussera en avant, et il faudra qu'avant peu elle poursuive sa marche civilisatrice vers le Sud.

La question du prolongement de la voie ferrée vers Tougourt, — question déjà plusieurs fois agitée, mais encore imparfaitement connue, — va se trouver tout naturellement à l'ordre du jour, et le moment est venu de la poser avec netteté et avec impartialité.

Aussi voudrais-je vous signaler, dès aujourd'hui, les principaux arguments qui militent en faveur de la prompte exécution du petit chemin de fer de Biskra-Tougourt, avec prolongement ultérieur sur Ouargla, et vous présenter, à ce propos, quelques considérations générales sur les chemins de fer de pénétration vers le sud de l'Algérie.

Cette question des chemins de fer de pénétration se relie, d'ailleurs, intimement à celle de la colonisation saharienne et, en l'abordant, je ne sortirai pas de mon sujet, bien que je doive être amené, en la traitant, à entrer dans des considérations d'un autre ordre, d'ordre politique et stratégique.

Les lignes de chemins de fer algériens, qu'on appelle *lignes de pénétration*, sont celles qui se dirigent du nord au sud, perpendiculairement au littoral de la Méditerranée, et qui pénètrent ou doivent pénétrer plus ou moins loin vers les régions de l'intérieur.

Chacune des trois provinces de l'Algérie doit avoir sa ligne de pénétration (fig. 1).

La province d'Oran est en avance sur ses deux sœurs à cet égard : elle possède déjà la grande ligne de pénétration d'Arzew-Saïda-Le Kreider-Mecheria-Aïn Sefra, tout entière en exploitation, et présentant une longueur de 465 kilomètres du littoral à Aïn Sefra, où elle n'est plus qu'à 70 kilomètres de Figuig. C'est une ligne à voie étroite.

La ligne de pénétration de la province d'Alger, qui, dans l'avenir, devra relier

Alger à Laghouat, n'en est encore qu'à ses débuts. Ce sera également une ligne à voie étroite. La première section, qui se greffe à Blida sur la ligne d'Alger-Oran et qui va de Blida à Berrouaghia, est mise actuellement en construction ; une seconde section, de Berrouaghia à Boghar, est concédée éventuellement. Le reste de la ligne n'est qu'à l'état de projet ; mais les études en sont faites.

Quant à la ligne de pénétration de la province de Constantine, elle est presque achevée jusqu'à Biskra, comme je viens de le dire, et la dernière section, d'El Kantara à Biskra, sera très prochainement livrée à l'exploitation : la voie ferrée présentera ainsi déjà une longueur de 320 kilomètres environ du littoral à l'entrée du Sahara.

Cette ligne de Philippeville-Constantine-Batna-Biskra est tout entière à voie normale. A mon sens, la voie étroite eût largement suffi à partir de Batna, et seule elle m'eût semblé admissible pour le prolongement de la ligne vers le sud, de Biskra à Ouargla ; mais la question n'est plus entière malheureusement, et l'on peut discuter aujourd'hui sur l'opportunité de choisir la voie normale ou la voie étroite pour le prolongement de cette ligne.

La ligne prolongée de Biskra à Ouargla aura une première section de 210 kilomètres de longueur, de Biskra à Tougourt, et une seconde de 170 kilomètres, de Tougourt à Ouargla.

Les études de cette ligne ont été faites depuis longtemps, d'abord par la mission Choisy (1), en 1880, puis très complètement, en ce qui concerne la première section de Biskra-Tougourt, par M. l'ingénieur en chef Fournié et par M. le commandant Breton, pour le compte d'une compagnie financière qui était demandeur en concession.

On peut mentionner aussi la ligne de pénétration de Bône-Souk Arrhas-Tébessa. Mais cette ligne, dont le prolongement doit obliquer en Tunisie, atteindre Gafsa et tourner à l'est sur Gabès, et qui doit aller ainsi de la mer à la mer, ne rentre pas exactement dans la catégorie des lignes de pénétration vers le Sud algérien, dont je me propose de vous parler ici.

Ces chemins de fer de pénétration vers le Sud algérien ont aujourd'hui des partisans de plus en plus nombreux, dont certains font autorité. Je me contenterai de citer M. Paul Leroy-Beaulieu, qui, dans son magistral ouvrage sur l'Algérie et la Tunisie, déclare que nous ne devons pas hésiter à procéder résolument à leur construction et inscrit, en première ligne, comme le plus important et le plus pressé, le chemin de fer de Biskra à Ouargla par l'Oued Rir'.

Mais forcément ces lignes, si utiles soient-elles, ne se feront qu'autant que l'État accordera une garantie d'intérêt aux capitaux privés qui se présenteront pour les construire, et nous savons tous l'extrême réserve que les pouvoirs publics se sont, — avec raison, — imposée dans cette voie.

Toutefois, il ne saurait y avoir de règle absolue en rien, et s'il est des chemins de fer en faveur desquels il y ait lieu de faire une exception, dans le propre intérêt des finances publiques, ce sont bien les chemins de fer de pénétration vers le Sud algérien et, en particulier, la ligne de Biskra-Tougourt-Ouargla.

Refuser *à priori* de voter cette ligne serait certainement une fausse économie pour le Trésor.

Je suppose, bien entendu, que les chemins de fer en question soient construits économiquement, à très bon marché, sommairement et rapidement, comme, par exemple, les derniers chemins de fer russes de l'Asie centrale.

(1) M. Choisy, ingénieur en chef ; M. Barois, ingénieur des ponts et chaussées, et M. Rolland, ingénieur des mines ; M. le Dr H. Weisgerber ; M. le lieutenant Massoutier.

Compris ainsi, un système judicieusement choisi et limité de chemins de fer de pénétration vers le Sud algérien ne sera nullement, malgré la garantie d'intérêt, une charge pour l'État ; au contraire, et pour s'en convaincre, il suffit de se rendre compte des résultats considérables qu'ils permettront d'obtenir, tant au point de vue commercial qu'au point de vue militaire.

Ces lignes de pénétration se justifient, d'ailleurs, par elles-mêmes, indépendamment de l'éventualité de leur prolongement futur au delà des frontières méridionales de l'Algérie, indépendamment de tout projet de chemin de fer transsaharien. Ce sont des lignes d'*ordre intérieur*, et c'est dans cet ordre d'idées que je veux me maintenir, le temps me faisant défaut pour traiter aujourd'hui la question du Transsaharien.

En quelques mots, je vous ferai observer d'abord que les lignes de pénétration, — les lignes perpendiculaires à la Méditerranée, — sont seules appelées, ou à peu près, à bénéficier du mouvement des échanges en Algérie, la grande ligne du littoral étant cependant mise à part.

En effet, les trois provinces d'Algérie présentent successivement, ainsi que je l'ai indiqué sur cette carte (fig. 1), les mêmes régions naturelles, allongées en zones parallèles à la Méditerranée ; or à ces zones successives correspondent les mêmes séries de produits et les mêmes genres de colonisation.

Il y a d'abord le littoral et le Tell, avec les céréales, les vins et de nombreux produits. C'est la zone de *colonisation intensive*.

Il y a ensuite les hauts plateaux, avec l'alfa, les laines et les moutons. C'est la zone de *colonisation industrielle et pastorale*.

Au delà, dans le sud, il y a enfin les régions sahariennes, avec les dattes. C'est la zone ou plutôt ce sont les zones de *colonisation saharienne* (1).

Les produits étant sensiblement les mêmes tout le long de chaque zone naturelle, il en résulte qu'il ne se fait guère d'échanges entre les diverses provinces : les échanges ont lieu surtout entre les régions de l'intérieur et les ports de la Méditerranée.

La grande ligne du littoral elle-même, Oran-Alger-Tunis, ne peut, à proprement parler, être considérée comme une ligne commerciale : c'est avant tout une ligne stratégique.

Néanmoins, cette ligne a un trafic forcé ; car elle longe la zone de colonisation intensive de l'Algérie, passe par les centres les plus peuplés et sert d'axe à une série d'embranchements, perpendiculaires et obliques, qui relient les principales régions de production et de consommation du Tell aux divers ports d'exportation et d'importation du littoral. Mais, en dehors de cette zone littorale, les seules lignes qui répondent à un mouvement d'échanges, existant ou à créer, sont les lignes transversales aux différentes zones de production et de colonisation. Autant je suis partisan des lignes de pénétration, poussées suffisamment loin au travers du Sahara, autant je considère comme antiéconomique le projet d'un chemin de fer qui longerait le pied méridional de l'Atlas, des environs de Figuig à Laghouat, à Biskra et à Gabès : seule, la section de Biskra-Gabès me semblerait plausible, à cause des régions productives qu'elle traverse, et encore est-elle incomparablement moins urgente que la ligne de Biskra-Ouargla.

____

(1) On peut y distinguer quatre sortes de régions naturelles. La première est la zone saharienne de l'Atlas. Les trois autres, dans le Sahara même, comprennent respectivement : — d'abord les chotts et les dépressions sablo-argileuses, les bassins artésiens, etc. (grandes régions d'oasis à sources naturelles et à puits jaillissants) — puis les plateaux rocheux et déserts, les chebka, etc. (oasis de rivière et à puits ordinaires) ; — et enfin les grandes dunes de sable (oasis d'excavation).

Les deux articles principaux d'échange entre le nord et le sud de l'Algérie sont, d'une part, les céréales du Tell et, d'autre part, les dattes du Sahara. Ce sont là, en effet, les deux bases principales d'alimentation des indigènes, tant dans le nord que dans le sud : d'où un mouvement forcé d'échanges, qui sont effectués principalement aujourd'hui par les nomades avec leurs chameaux.

Croire qu'il s'agit là d'échanges peu importants serait une grande erreur : car d'eux dépend la nourriture de millions d'indigènes.

Mais, dans le Sahara, région désertique, les pays de production agricole sont loin d'être répartis aussi uniformément que dans le Tell; ils sont, au contraire, tout à fait localisés. Or, parmi les diverses régions d'oasis du Sahara algérien, quelles sont les principales comme production actuelle ou future, les seules qui soient colonisées ou colonisables? Quelles sont-elles et où se trouvent-elles situées (1)?

Ce sont les trois régions des Zibans, de l'Oued Rir' et de Ouargla: toutes trois se trouvent situées dans l'est de notre Sahara, et elles s'y échelonnent des pieds de l'Aurès à l'Oued Mya. On le voit, ce sont précisément les régions que traverserait la ligne de pénétration de Biskra-Tougourt-Ouargla, ligne qui desservirait en outre, dans une certaine mesure, la région du Souf, à l'est, et une partie de la région de Mzab, à l'ouest.

Il suffit de jeter les yeux sur cette carte (fig. 1), où j'ai représenté l'importance relative des diverses régions d'oasis du Sahara algérien au moyen de cercles de surfaces proportionnelles (2), pour voir de suite que le centre de gravité de notre Sahara n'est pas au centre, sous le méridien d'Alger, mais qu'il est à l'est, sous le méridien de Constantine.

Les deux grands marchés de dattes pour nos nomades sahariens sont d'abord Tougourt, la capitale de l'Oued Rir', puis Ouargla. Aussi est-ce de ces deux places que rayonnent en éventail, vers le nord et le nord-ouest, les principaux courants de caravanes sur le Tell.

Il en résulte un mouvement considérable d'échanges entre Biskra, Tougourt et Ouargla, ainsi que dans les régions avoisinant cette ligne, et tout ce mouvement commercial, — qui se fait actuellement par chameau, — ira infailliblement au chemin de fer, dès qu'il y aura un chemin de fer de Biskra à Tougourt et à Ouargla.

La locomotive supplantera le chameau, — cela est forcé, — ne fût-ce que parce que le transport par chameau coûte bien trois fois plus cher que ne coûtera le transport par chemin de fer.

Mais, me dira-t-on, les indigènes abaisseront leurs prix de transport, attendu qu'ils possèdent d'immenses troupeaux de chameaux, dont la nourriture ne leur coûte rien, et qu'ils ont besoin d'utiliser: ils feront quand même au chemin de fer une concurrence très sérieuse.

C'est là une crainte qui n'est point partagée, je peux l'affirmer, par ceux qui connaissent vraiment les conditions, les habitudes et les tendances de la vie arabe.

---

(1) G. Rolland, *l'Oued Rir' et la colonisation française au Sahara* (en vente chez Challamel).

(2) La carte ci-jointe est la réduction d'une grande carte murale. où j'ai figuré l'importance relative des diverses régions d'oasis du Sahara algérien au moyen de *deux* séries de cercles concentriques. Pour chaque région d'oasis, le cercle *extérieur* correspond au nombre des palmiers à raison de un centimètre carré pour 10,000 palmiers, et le cercle *intérieur* (le seul reproduit sur la carte réduite) correspond à la valeur approximative de l'ensemble de la région (palmiers, arbres fruitiers, puits artésiens, maisons, etc., soit 20 fr. à 100 fr. par palmier, suivant les régions), à raison de un centimètre carré pour 1 million de francs.

Il est vrai qu'il y a au Sahara des chameaux par milliers et par dizaines de milliers; mais ceux qui sont affectés d'une manière constante à des transports sont en infime minorité.

La grande masse de ces animaux appartient aux nomades, qui en ont besoin pour leur vie courante, et qui ne s'en séparent guère pour les louer à des négociants en vue de transports.

Quant aux nomades riches, possédant des troupeaux entiers de chameaux, ils s'en séparent encore moins volontiers; car ils se disent qu'en tenant compte de ce que leurs chameaux — bien soignés et bien surveillés — leur rapportent en lait, toison, cuir, et en animaux de reproduction, ils ont, en somme, un excellent revenu, sans chercher à l'augmenter par des transports, d'autant plus que les transports déprécient toujours plus ou moins les bêtes, par suite de l'usure inévitable de l'instrument.

Telle est du moins la manière de voir de l'Arabe, et elle est fort rationnellé.

Dans son idée, avoir des chameaux, c'est le meilleur moyen de placer son capital.

Pour lui, le chameau est comparable à ce qu'est pour nous un titre au porteur: c'est un titre valant 150 francs à 300 francs, facile à vendre et constamment réalisable, rapportant certainement plus de 5 pour 100 l'an.

La conclusion est qu'en présence d'un avantage pécuniaire aussi faible que celui dont se contentera la voie ferrée, les nomades préféreront de beaucoup ne pas se déranger, eux et leurs chers animaux, pour entreprendre une concurrence impossible.

Quant aux quelques équipages de chameaux qui existent spécialement en vue des transports, et qui appartiennent généralement à des Mzabites ou à des gens du Souf, ils cesseront forcément de marcher, peu à peu, quand le chemin de fer marchera, ou mieux, ils se porteront sur d'autres lignes affluentes, comme entre Tougourt et le Souf, entre le Souf et Ghadamès, où ils sont, d'ailleurs, le seul moyen de transport possible.

Tout compte fait, on peut dire que, même en l'état actuel de ces régions, le trafic de la ligne de Biskra-Tougourt-Ouargla sera fort appréciable, certainement supérieur à celui de beaucoup de lignes algériennes.

Peut-on douter ensuite qu'il ne soit appelé à augmenter? Et n'en est-il pas toujours ainsi quand le chemin de fer arrive dans un pays neuf et susceptible de développement, comme c'est le cas pour l'Oued Rir' et aussi pour la région de Ouargla?

Je viens de vous signaler la merveilleuse transformation de l'Oued Rir' depuis trente ans. Je vous ai dit et me permets de vous répéter, — car ce sont des faits probants, — que, grâce aux travaux de sondages de M. Jus, l'étendue des terres cultivées a doublé, la valeur des oasis a quintuplé, la population indigène a augmenté de plus de moitié.

Je vous ai montré ensuite l'Oued Rir' colonisé par quelques-uns de vos compatriotes, et votre bienveillante attention témoigne de l'intérêt que vous inspire notre œuvre si attachante, en effet, de création agricole au Sahara. Des centaines d'hectares, auparavant improductifs, ont été fertilisés par des capitaux français. La totalité des plantations françaises de l'Oued-Rir' dépasse déjà 60,000 palmiers (fig. 2), ce qui représente une valeur créée de plus de trois millions de francs. Tant dans le Zab que dans l'Oued Rir', on peut évaluer à 120,000 le nombre des palmiers acquis ou plantés par des colons français, en dehors de Biskra, depuis dix ans.

Ce que nous avons fait ainsi, malgré la distance, malgré des difficultés sans nombre, est un sûr garant de ce que nous ferons encore et de ce que d'autres ne manqueront pas de faire à notre exemple, du jour où le chemin de fer viendra décupler nos moyens d'action.

Dans l'Oued Rir', à l'inverse de ce qui se produit d'ordinaire dans les pays neufs et écartés, le chemin de fer arrivera dans une région où la colonisation l'aura précédé ; mais il imprimera un essor incomparablement plus grand à la mise en valeur des ressources naturelles de cette belle région.

Le magnifique bassin d'eaux artésiennes qui en fait la richesse est loin d'avoir donné le débit dont il est susceptible, ni la mesure de sa force de production en végétation et, par conséquent, en vies humaines, et je crois avoir démontré clairement que les sondages pouvaient, sans le moindre inconvénient, y être continués, toutefois en étant soumis désormais à une surveillance, qui est devenue nécessaire.

Qu'on fasse les sondages dans des régions neuves, où l'artère artésienne n'a encore subi aucune saignée, qu'on crée de nouvelles oasis loin des oasis indigènes, ainsi que nous avons fait, et l'on pourra certainement doubler, peut-être tripler, le nombre des palmiers de l'Oued Rir'.

De même, plus au sud, les sondages peuvent augmenter notablement les ressources en eaux jaillissantes et ascendantes dans la région intermédiaire entre l'Oued Rir' et Ouargla, dans le bas-fond de Ouargla et dans l'Oued Mya. Enfin, quand le chemin de fer assurera dans ces parages une sécurité plus complète qu'elle ne l'est aujourd'hui, nul doute que la colonisation s'y porte également.

Avec le chemin de fer, moyen de transport rapide et économique, on verra le pays se transformer tout le long de cette ligne, de Biskra à Ouargla ; on verra se multiplier les entreprises européennes, les puits artésiens, les plantations de palmiers, les autres cultures, ainsi que les constructions agricoles et industrielles et les installations de toutes sortes : d'où une progression notable dans les exportations et les importations et dans le mouvement des voyageurs, sans parler des touristes, qui viennent déjà en si grand nombre chaque année à Biskra et qui ne manqueront pas alors de prendre le train de Tougourt et de Ouargla.

En somme, au bout d'un certain temps, ce petit chemin de fer, construit et exploité économiquement, arriverait à faire ses frais, j'en ai la conviction.

Aucune autre ligne algérienne de pénétration ne saurait rivaliser comme trafic avec la ligne de Biskra-Ouargla par l'Oued-Rir' : ni la ligne de Laghouat, malgré le tonnage en alfa qu'elle peut escompter et malgré le marché des laines de Djelfa ; ni la ligne d'Aïn Sefra, qui n'est, actuellement du moins, qu'une ligne purement militaire.

Le prolongement de la ligne de Laghouat vers le sud n'aurait guère d'intérêt commercial. Au delà de Laghouat, sauf la région des daya, c'est le désert dans toute sa nudité, un désert que j'ai vu et que je déclare absolument sans avenir. Il est vrai que l'objectif d'une ligne semblable serait le Mzab ; mais le Mzab n'est pas et ne sera jamais un pays de production de quelque importance. Ce pays n'est remarquable que par l'esprit de négoce et d'industrie de ses habitants.

Où qu'on fasse des chemins de fer dans le sud, on trouvera l'élément mzabite, qui sera même un des principaux facteurs du trafic à escompter. C'est lui qui se déplacera, et il est inutile d'aller chez lui pour le trouver.

Quant à la ligne d'Aïn Sefra, elle aurait besoin, pour obtenir un résultat appréciable au point de vue commercial, d'être prolongée vers Figuig, ou mieux vers les oasis indépendantes des Beni Goumi et jusqu'à Igli (fig. 1), en amont de la région très productive des oasis marocaines de l'Oued Messaoura. Mais ce serait aller bien loin, au risque peut-être de complications diplomatiques, pour chercher dans l'ouest un trafic que nous avons à proximité dans l'est, chez nous, dans des régions où la colonisation française a planté son drapeau.

Assurément, le chemin de fer d'Igli, s'il pouvait être exécuté, aurait une grande portée ; mais, à proprement parler, ce ne serait plus là une ligne algérienne, ce serait la première section du Transsaharien du Sud oranais vers Tombouctou, par le Touat.

J'ai dit que le temps me manquait aujourd'hui pour examiner avec vous la question du Transsaharien. Cependant, puisque je suis appelé à prononcer le mot, je dois faire observer que, dans l'est, la ligne de Ouargla, — ligne qui se recommande déjà par des raisons d'ordre purement intérieur, — aurait également les conséquences les plus heureuses pour l'ouverture de relations commerciales avec le Soudan et pourrait, à un moment donné, devenir la première section du Transsaharien du Sud constantinois vers le Soudan central, par Amguid, suivant le tracé exploré par Flatters et préconisé récemment encore avec autorité à la Société de géographie commerciale (1).

Ouargla était autrefois un des principaux marchés du Soudan. Depuis la conquête française et depuis l'abolition de la traite des esclaves, les caravanes s'en sont détournées, et ce courant commercial dévie aujourd'hui d'In Salah et du pays des Touareg vers Ghadamès et vers Tripoli.

Mais, si important qu'ait été le commerce des esclaves, il s'en faut de beaucoup que la marchandise humaine soit le seul élément de commerce des caravanes venant de l'intérieur de l'Afrique : le développement croissant du port de Tripoli et l'attraction qu'il excite chez les Italiens, sont là pour le prouver.

Or, le chemin de fer aboutissant à Ouargla changerait tellement les conditions économiques, en permettant d'y apporter les produits européens à meilleur compte et d'y payer plus cher les produits du Soudan, qu'il amènerait sans doute une perturbation, à notre profit, dans les courants actuels du commerce soudanien : ce serait comme un aimant qui attirerait de nouveau vers Ouargla une partie de ce commerce, peut-être la totalité, et il y aurait de ce chef un nouvel élément de trafic à joindre à ceux provenant des ressources existant sur le parcours même de la ligne.

En ouvrant ainsi un grand marché à Ouargla, station terminus de la voie ferrée, — au moins provisoirement, — nous serions fixés sur ce que nous pouvons attendre du commerce soudanien, et nous pourrions juger en meilleure connaissance de cause l'intérêt qu'aurait pour nous le Transsaharien.

Enfin, avec un chemin de fer atteignant Ouargla, nous ne craindrions plus, comme nous devons le craindre aujourd'hui, de voir, à un moment donné, une nation rivale, installée à Tripoli, lancer de là un Transsaharien vers le lac Tchad et nous devancer dans la conquête économique du Soudan central : ce qui serait une véritable défaite pour nous, Français, installés en Algérie depuis bientôt soixante ans !

Il suffit de regarder la carte pour se convaincre de ce danger.

(1) *La pénétration du Soudan par l'Algérie* (*Revue française de l'Exploration*, 15 février 1888.)

IV

On voit quel ensemble de considérations économiques milite en faveur de l'exécution de cette ligne de Biskra-Ouargla.

Ce n'est pas diminuer leur valeur, dans un grand pays comme le nôtre, que de reconnaître qu'une partie d'entre elles ont surtout un intérêt d'avenir. Mais, sans sortir du présent, il est une autre considération, — celle-ci d'un intérêt immédiat, — que l'on peut faire valoir, c'est que, même dans les premières années de l'exploitation, la ligne de Biskra-Ouargla ne constituerait pas, à proprement parler, une charge pour l'État, malgré la garantie d'intérêt et l'insuffisance des recettes; car les sommes que l'État aurait ainsi à verser annuellement se trouveraient compensées par les économies que le chemin de fer permettrait de réaliser sur les transports militaires et sur les dépenses du ministère de la guerre dans le sud de l'Algérie.

On se figure difficilement, en effet, ce que coûtent les ravitaillements des colonnes militaires et des moindres garnisons dans le Sud.

Les garnisons de Tougourt et de Ouargla sont peu nombreuses, il est vrai. Seulement une longue expérience nous a fait reconnaître la nécessité de montrer de temps en temps dans ces régions un effectif assez important de nos troupes, et il est de tradition d'y envoyer tous les deux ou trois ans, — lors même que tout est calme, — une colonne de 1,000 à 1,500 hommes, ce qui comporte la réquisition d'un nombre de chameaux au moins égal, et parfois double ou triple.

Mais qu'une agitation se manifeste, qu'un chérif ou soi-disant chérif apparaisse, il faut combattre l'insurrection dès les débuts, sous peine de la voir s'étendre avec une rapidité surprenante, pour qui connaît l'impressionnabilité des populations nomades. Ce sont alors une, deux, trois colonnes de 1,200 à 1,500 ou 2,000 hommes, à faire mouvoir pendant des mois, à des distances de 200 à 300 kilomètres de leur base de ravitaillement, avec d'énormes approvisionnements et avec une masse de chameaux, coûtant chacun 3 à 4 francs par jour. On a vite dépensé un demi-million de francs, pour une seule colonne, sans parler des milliers de chameaux qu'on perd souvent dans les marches, et qu'il faut rembourser ensuite au taux de 150 francs à 200 francs l'un.

Qu'on fasse donc le relevé de tout ce que ces colonnes militaires nous ont coûté pendant les quinze dernières années! — rien que dans les régions de Ouargla, de Tougourt et du Souf, — et l'on se rendra compte enfin de tout l'intérêt que le chemin de fer de Biskra-Ouargla aurait eu pour les finances publiques.

Mais pourquoi, entend-on dire parfois, pourquoi avoir voulu étendre notre domination aussi loin dans le Sud, en plein désert? A quoi bon avoir créé ces postes excentriques, qui deviennent, en cas de troubles, un grave embarras pour nous? Était-il donc nécessaire de nous préoccuper autant des dispositions des populations nomades du Sahara, qui sont, en somme, peu denses, et dont nous aurons toujours finalement raison?

Pour répondre à ces assertions, les faits ont plus d'autorité que les paroles. Or, l'histoire de l'Algérie, depuis les premiers jours de la conquête jusqu'à ces derniers temps, est là pour nous prouver le rôle prédominant que l'élément nomade a toujours joué dans les insurrections, et pour nous montrer que ces populations nomades et demi-nomades du Sud et des hauts plateaux, loin d'être méprisables en cas d'hostilités, sont, au contraire, très redoutables, par suite de leur excessive mobilité.

N'a-t-on pas vu que, pour vaincre la résistance acharnée de l'émir Abd el Kader, il a fallu lui porter un coup mortel en s'avançant au cœur de la région des hauts plateaux?

A-t-on oublié que la terrible insurrection de 1864 a commencé par Ouargla, et que ce fut, dans le principe, une révolte de nomades, et de nomades sahariens, laquelle s'étendit ensuite, en quelques mois, aux tribus du Tell des provinces d'Alger et d'Oran?

Plus tard, en 1871, n'est-il pas frappant de voir de nouveau Ouargla choisi comme quartier général par l'agitateur Bou Choucha, cherchant à soulever de là le Sud algérien contre nous?

Plus récemment enfin, en 1880, c'étaient les Ksour du Sahara oranais qui, sous l'impulsion de Bou Amena, devenaient le centre de l'agitation qui s'étendait rapidement, aboutissait au massacre des alfatiers et compromettait gravement le prestige français.

Que prouvent tous ces événements, — dont nous avons fait la dure expérience, — sinon que tant que nous n'aurons pas maîtrisé entièrement les nomades sahariens, nous ne pourrons dire que nous sommes certains de maintenir les tribus intermédiaires entre le Sahara et le Tell et les indigènes du Tell, ni prétendre que nous sommes assurés d'avoir dans le Tell le calme et la sécurité complète qu'exige le développement de la colonisation européenne?

Or, pour arriver à dominer l'élément nomade, croit-on qu'il suffise de lui montrer de temps en temps nos troupes? L'expérience est encore là pour prouver le contraire : les colonnes passent et laissent derrière elles un sillage bien vite refermé.

Bon gré, mal gré, il a fallu établir des postes permanents : on ne voulait pas occuper Laghouat, ni Géryville, ni Tougourt, ni Ouargla, ni Ghardaya, ni Aïn Sefra, et cependant on y a été conduit par la force des choses.

Quant au choix de chacun de ces points d'occupation successifs dans le Sud, il était imposé par l'importance de la région en elle-même ou des tribus environnantes, et nous n'avons pas à nous reprocher d'avoir poussé trop loin notre occupation dans le Sahara.

Pour contraindre les nomades à capituler devant notre puissance, le vrai moyen est de les prendre à revers, de se porter en arrière de leurs parcours et de mettre la main sur leurs centres de ravitaillement. De cette manière, étant déjà maîtres du littoral au nord, nous devenons également maîtres du Sahara dans le sud, et nous achevons pour ainsi dire l'investissement de la place.

Par contre, il faut reconnaître que ces points d'occupation avancés sont d'un ravitaillement difficile et peuvent, dans certaines circonstances, devenir une cause sérieuse d'inquiétude. Mais qu'un poste de ce genre, si avancé qu'il soit, se trouve relié au littoral par une voie ferrée, alors il produira tout son effet, et, d'autre part, il suffira d'y laisser une force minime, destinée à garder la place, puisque, du jour au lendemain, on pourra y envoyer du littoral tel effectif qui sera nécessaire.

La voie ferrée, c'est pour ainsi dire, une colonne permanente, amenant les hommes sans fatigue à l'endroit voulu.

Qu'on n'objecte pas que cette ligne de communication rapide exigera elle-même, pour être gardée un effectif nombreux. Non ; au Sahara, les chemins de fer seront établis en plaine, sans tunnel, ni travaux d'arts importants ; les détériorations qu'ils pourraient subir seront rapidement réparables au moyen du matériel affluant par les parties restées intactes en arrière, et d'ailleurs, les populations nomades sont trop étrangères au maniement des outils pour mettre un tronçon important de la ligne hors de service. Enfin, les stations convenablement organisées pour la défensive, offriront des points de résistance et d'appui pour nos populations sédentaires et fidèles.

Tout cela est admis aujourd'hui par les personnes au courant des questions de stratégie saharienne.

C'est une vérité reconnue en Algérie que le chemin de fer est l'arme la meilleure que nous ayons contre les insurrections. La démonstration en a été faite, d'une manière éclatante, lors de la dernière insurrection du Sud oranais, que nous n'arrivions pas à réprimer, malgré les marches et contremarches incessantes et ruineuses de cinq à six colonnes simultanées, et qui n'a cessé définitivement qu'après le prolongement du chemin de fer d'Arzew-Saïda vers le sud.

Est-ce que ce qui est vérité dans l'Ouest serait erreur dans l'Est?

Mais prévenir les insurrections vaut certes mieux que d'avoir à les réprimer, et pour cela encore le plus sûr moyen est d'achever nos lignes de pénétration vers le sud.

A ceux qui veulent s'édifier sur ces questions et sur l'intérêt des lignes de pénétration au Sahara, je recommande la lecture d'une brochure fort instructive, intitulée : *Nos frontières sahariennes*, et due à M. le commandant Rinn, conseiller de gouvernement à Alger. Elle se termine par ces mots :

« Ni progrès, ni extension, ni sécurité intérieure ou extérieure, sans l'occupation pacifique de la totalité du Sahara algérien.

» Pas d'occupation pacifique et productive du Sahara sans des chemins de fer, nous éclairant en avant et nous gardant en arrière. »

Assurément la dernière conclusion ne saurait être appliquée qu'à un nombre très restreint de chemins de fer de pénétration.

Réduisons le programme de ces lignes complémentaires au strict nécessaire ; mais, du moins, ayons un programme! et n'hésitons pas à pousser la voie ferrée jusqu'aux points stratégiques, d'où nous serons sûrs de dominer enfin les nomades de notre Sahara, en même temps que de tenir en garde les tribus Touareg et autres, au delà de nos frontières méridionales.

Or, d'une manière comme de l'autre, aucun point du Sud algérien n'est plus clairement désigné que Ouargla, dont l'importance était déjà démontrée par les événements passés.

Qu'il s'agisse de nous défendre contre nos ennemis du dehors ou contre nos ennemis du dedans, on arrive à conclure à l'occupation des mêmes points stratégiques dans le Sahara.

Le Sahara algérien est entouré d'une large ceinture de grandes dunes de sable, et c'est évidemment là que se trouvent les frontières naturelles de l'Algérie (fig. 1) (1). Ces grandes dunes forment une véritable barrière, infranchissables pour une troupe un peu nombreuse, sauf, dans le sud, en certains rares passages, coïncidant avec des lignes d'eau : ce sont autant de lignes d'invasion qu'il faut garder.

Le meilleur passage est à l'est, par la grande trouée de l'Oued Igharghar.

(1) La carte indique les frontières diplomatiques ou incontestées de l'Algérie.

Le traité de 1845 entre la France et le Maroc n'a fixé les frontières de ce côté que de la mer au Teniet Sassy. Au sud de ce point, il a spécifié qu'il n'existe pas de frontière entre les deux États.

Puis il y a, du même côté, la ligne d'eau de l'Oued Mya. Or, ces deux lignes d'invasion sont précisément commandées par Ouargla.

L'autre trouée principale est dans l'ouest, par l'Oued Messaoura, et conduit aux oasis de Figuig et du Sud oranais.

Au milieu, on peut encore distinguer une troisième ligne d'invasion qui passe par El Goléa : mais celle-ci est beaucoup moins importante. D'ailleurs, en arrière, nous avons créé un poste solide à Ghardaya, dans le Mzab, et ce poste s'appuie sur Laghouat, qui sera relié au littoral par le chemin de fer de pénétration du centre algérien.

Cette ligne de pénétration d'Alger-Laghouat est incontestablement nécessaire, tout au moins jusqu'à Djelfa. Mais les deux lignes de pénétration latérales, celle d'Arzew-Aïn Sefra, dans l'ouest, et celle de Biskra-Ouargla, dans l'est, la priment de beaucoup, ne fût-ce que parce qu'elles l'encadrent.

Dans l'ouest, la ligne d'Aïn Sefra est achevée, et, de plus, un fort a été construit en avant d'Aïn Sefra, à Djenan Bou Rezg. Le point terminus de cette ligne était moins clairement indiqué que pour la ligne de l'est ; mais, à vrai dire, qu'on s'arrête là ou qu'on s'avance un peu plus au sud, le résultat au point de vue militaire sera sensiblement le même.

Quant à la ligne de pénétration de l'est, à la ligne de Biskra-Ouargla, elle reste à faire, et c'est désormais la plus urgente. En deux ans et à peu de frais, on peut, si l'on veut, faire arriver la locomotive à Ouargla, et Ouargla est notre objectif nécessaire de ce côté. Je viens déjà de dire que Ouargla commande la porte principale du Sahara algérien dans le Sud, et j'ajouterai que Ouargla est un centre de production tellement important pour le ravitaillement des tribus nomades de Chaamba, que son occupation effective nous mettra celles-ci dans la main.

Or, après les grands nomades du Sud oranais, qui ont pour pivots les oasis dont on aborde l'une à Aïn Sefra, après les grands nomades du centre, Larbaa, Ouled Naïl, dont on occupe les magasins à Laghouat et à Djelfa, il n'y a plus, dans le Sahara algérien, en fait de grandes tribus de nomades, que les Chaamba, au sud. Quant aux Chaamba, ils se divisent eux-mêmes en trois fractions principales, qui ont respectivement pour centres, Ouargla, Metlili et El Goléa ; mais c'est Ouargla qui est de beaucoup le centre le plus important, sans même qu'il y ait de comparaison possible avec les deux autres, de telle sorte que lorsque nous tiendrons les Chaamba de Ouargla, les deux autres fractions seront forcément à notre discrétion.

Au delà de Ouargla vers le sud, il n'y a plus rien, ou, du moins, plus rien qui offre des ressources appréciables, jusqu'au pays des Touareg.

Poussons donc la voie ferrée jusqu'à Ouargla. Faisons de Ouargla la place de guerre qu'il nous faut de ce côté. Donnons à Ouargla l'importance militaire et commerciale que cette ville peut et doit avoir.

Alors ces vagabondes tribus de Chaamba seront bien forcées de se rallier à nous sans arrière-pensée. Alors ces coureurs du désert, tout aussi rapides que les Touareg, mettront à notre service leurs aptitudes guerrières et commerciales. Alors il nous sera facile, par eux et sans sacrifice, de faire subir nos volontés aux Touareg eux-mêmes, qui nous ferment obstinément aujourd'hui les routes du Soudan, et qui, depuis le lamentable désastre de la mission Flatters, ont cessé de nous redouter.

Tel est le programme sage et limité qui nous permettra d'assurer la *mise en défense* de l'Algérie.

Accomplissons-le sans retard et profitons de la période de calme que nous traversons pour nous mettre en mesure de faire face à tous les événements.

Croit-on que les frontières marocaines et les tribus oranaises aient le monopole des insurrections ?

Espère-t-on que les mouvements qui peuvent se produire dans les populations musulmanes de l'Afrique s'arrêteront d'eux-mêmes aux limites de nos possessions algériennes ?

Ne craint-on pas d'avoir à compter, en cas de complications européennes, avec de nouveaux soulèvements en Algérie, et a-t-on songé que les contingents révoltés pourraient bien avoir à leur disposition, ce jour-là, non plus ces vieux fusils qui, par rapport aux nôtres, sont à peu près aussi efficaces que les arcs et les flèches des sauvages, mais bien des armes à longue portée, que nos ennemis ne manqueraient pas de faire passer dans l'extrême Sud par la Tripolitaine et par Ghadamès ?

Pour parer à ces éventualités redoutables, sans être obligé d'augmenter en Algérie nos effectifs, — déjà si occupés ailleurs, — le seul moyen est de renforcer l'action de nos troupes, en leur procurant pour ainsi dire le don d'ubiquité, grâce à un système rationnel de voies ferrées.

La question est capitale. Au jour d'une guerre en Europe, toute dispersion de nos forces hors de France pourrait avoir des conséquences désastreuses, et il ne faudrait pas que l'Algérie, cette admirable colonie, dont la conquête doit être si féconde pour notre pays, devînt alors une cause de faiblesse pour la défense du sol national.

C'est pourquoi je n'hésite pas à dire que la ligne de Biskra-Ouargla, dont je viens d'essayer de vous montrer l'utilité au point de vue commercial et colonial et la nécessité au point de vue politique et stratégique, que la ligne de Biskra-Ouargla est une ligne d'intérêt national.

IMPRIMERIE CENTRALE DES CHEMINS DE FER. — IMPRIMERIE CHAIX.
RUE BERGÈRE, 20, PARIS. — 16320-8-8.

ASSOCIATION FRANÇAISE

POUR L'AVANCEMENT DES SCIENCES

EXTRAIT DES STATUTS ET RÈGLEMENT

STATUTS

Art. 4. — L'Association se compose de membres fondateurs et de membres ordinaires; les uns et les autres sont admis, sur leur demande, par le Conseil.

Art. 6. — Sont membres fondateurs les personnes qui auront souscrit, à une époque quelconque, une ou plusieurs parts du capital social : ces parts sont de 500 francs.

Art. 7. — Tous les membres jouissent des mêmes droits. Toutefois, les noms des membres fondateurs figurent perpétuellement en tête des listes alphabétiques, et les membres reçoivent gratuitement, pendant toute leur vie, autant d'exemplaires des publications de l'Association qu'ils ont souscrit de parts du capital social.

RÈGLEMENT

Art. 1er. — Le taux de la cotisation annuelle des membres non fondateurs est fixé à 20 francs.

Art. 2. — Tout membre a le droit de racheter ses cotisations à venir en versant, une fois pour toutes, la somme de 200 francs. Il devient ainsi membre à vie.

Les membres ayant racheté leurs cotisations pourront devenir membres fondateurs en versant une somme complémentaire de 300 francs. Il sera loisible de racheter les cotisations par deux versements annuels consécutifs de 100 francs.

La liste alphabétique des membres à vie est publiée en tête de chaque volume, immédiatement après la liste des membres fondateurs.

Les souscriptions des membres fondateurs peuvent être versées en une seule fois ou en deux versements de chacun 250 francs.

Les souscriptions sont reçues :

Au Secrétariat, à l'Hôtel des Sociétés savantes, 28, rue Serpente, à Paris.

PARIS. — IMPRIMERIE CHAIX. — 14774-7-8